感谢加林娜·尼洛娃、叶卡捷琳娜·亚历山德罗娃、伊丽莎白·谢尔巴科娃、塔季扬娜·杜布尼扬斯卡娅、罗曼·邦达连科、奥克萨纳·纳利瓦伊科、约翰逊·图努，用心帮助我收集材料。

的百科全书

[俄罗斯] 塔季扬娜·帕诺娃 著

崔舒琪 译

科学普及出版社

·北京·

序言

你家里一定有一把伞，甚至不只有一把，毕竟家里的每个人都需要有一把属于自己的伞。可能，有的人的家里还有一把舍不得扔的旧伞，此刻正静静地躺在柜子里"吃灰"呢。如果你把雨伞忘在了家里，天上又忽然下起大雨，那也不要紧，你可以轻轻松松地在街角的商店里买到一把新伞。又或许，在你上学或工作的地方还有一把备用伞……

不过，从前并非如此。在200多年前，伞还是一件奢侈品，人们小心地使用、爱护自己的伞，要是伞坏了，他们会尽力修好。在那个年代，雨天打伞上街是"不爱惜雨伞"的行为，甚至可能会遭到人们的嘲笑。再往前推，在1000年之前，那时只有统治者才能使用这样的"行头"。统治者在伞下漫步，但他们并不会亲自打伞。

是谁发明了伞？发明伞的原因是什么？不同国家的伞又是什么样子的？关于伞的问题，你都可以在《伞的百科全书》里找到答案。相信我，现如今已司空见惯的伞，会告诉你一段段惊人的历史！

如果你见到这样的标志_____，
那就说明你遇到题目了哟！
答案在本书最后一页！

3

"雨伞"怎么说

人们最初发明伞，是为了防止晒伤和中暑，直到很久以后，才想到可以藏在伞下躲避雨雪。在俄语中，"伞"这个词是зонтик，它既包含雨伞的意思，又包含阳伞的意思。如果你想指"雨伞"时，就得用一个词组，因为在俄语中没有一个单独的词叫作"雨伞"。

sîwan（伞）
库曼吉语

umbrella（伞）
英语

مظلة（伞）
阿拉伯语

parasol（阳伞）
法语

ομπρέλα（伞）
希腊语

ዣንጥላ（伞）
阿姆哈拉语

但在法语、德语、匈牙利语、克罗地亚语和芬兰语等语言中，都有一个专门用来指代"雨伞"的词。

sateenvarjo（雨伞）
芬兰语

מטרייה（雨伞）
现代希伯来语

Regenschirm（雨伞）
德语

parapluie（雨伞）
法语

esernyő（雨伞）
匈牙利语

kišobran（雨伞）
克罗地亚语

hnlufung（伞）
亚美尼亚语

چتر（伞）
波斯语

不淋雨，也不挨晒

在很久很久以前，人类既不喜欢淋雨，也不喜欢在太阳下暴晒。他们是如何对抗暴雨和烈日的呢？他们避雨、遮阳的方法发生了怎样的变化？我们一起来看看吧。

大约二百万年前，为了更好地生存，我们的祖先离开了世代居住的森林，来到草原上生活。草原比森林热得多，少了很多遮阴的地方，那时，祖先们的毛发不再覆盖全身，因此他们的皮肤裸露在外、毫无防护，很可能会被太阳灼伤。

一开始，我们的祖先试图利用天然的荫蔽处来遮阳避雨，比如树荫和山洞。

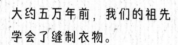

大约五万年前，我们的祖先学会了缝制衣物。

考古人员曾发现一顶帽子，这是现存最古老的帽子，大约在公元前3300年用棕熊毛皮缝制而成。帽子的主人被称为奥兹冰人，是一位生活在阿尔卑斯山的古人类。

大约在公元前8000年，人类建造了现存最古老的建筑之一——耶利哥塔。

1928年，防晒霜投入生产。

1824年，苏格兰生产了第一批橡胶雨衣。那时的雨衣又硬又重，经过不断改进，才有了我们现在穿的柔软轻便的雨衣。

大约在1750年，英国人乔纳斯·汉威成为伦敦第一位在下雨天撑伞散步的男性。

大约在公元前31世纪，古埃及有了遮阳功能的扇子。

大约在2500年前，中国人发明了伞。由于当时的材料不易保存，我们无法知道其样子，而从1000多年前宋代的绘画中，可以了解中国古代的伞。

世界各地的伞

你现在看到的是一张世界地图，上面标出了一些地点，其中有些是最先出现某种伞的地点，另外一些是收藏伞和伞套的地方。你甚至可以在这张地图上找到一些长得很像伞的动物和植物！

英国
现代雨伞的发源地

意大利，吉涅塞市
伞博物馆

美国，缅因州
伞套博物馆

埃及
最古老的伞之一

降落伞
在很多语言中，"降落伞"和"伞"是同一个词。

伞鸟

加纳
阿散蒂人的伞

我们知道许多伟大发明的由来，也知道这些发明是如何传遍全世界的，例如，自行车、打印机等。但是，我们经常用的伞是怎样出现的、又是由谁发明的，却很难弄清楚，毕竟那已经是很久很久以前的事情了。

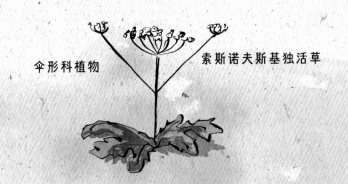

伞形科植物　　　　　索斯诺夫斯基独活草

雨伞菇（学名：环柄菇）

中国
丝绸华盖伞

日本
蛇目伞

芋叶

　　"伞"这种日常物品，尽管在每个国家的构造和外观都不尽相同，但人们使用伞的目的都很一致：遮阳、避雨，或向某些受人尊敬的人物致敬。

伞树（学名：鹅掌柴）

古埃及的礼仪扇与伞

　　既然人们最初发明伞是为了防晒遮阳，那么最先出现伞的地方多半都气候炎热、阳光充沛。古埃及就是这样一个地方。

　　古埃及的贵族外出时，总会有仆人打着礼仪扇（由长棍子和鸵鸟羽毛制成）随行在后。仆人既要紧紧跟在主人身后，又要举着沉重的扇子——这真是一项困难但又光荣的工作呀。礼仪扇不仅可以用来扇风，还可以营造出一片珍贵的阴凉，这有点儿像伞的功能。

　　鸵鸟毛象征着极高的地位，因此只有神祇和法老才可以使用。仆人手握礼仪扇围住法老，自然形成了一道看不见的墙，将法老和整个世界隔绝开来。

尽管这些礼仪扇并未流传到今天，但是多亏了陵墓里的绘画和古老的文献资料，我们今天才能够了解到关于礼仪扇的信息。古埃及人用一些符号文字将这一切记录下来，这些符号文字被称为"象形文字"。请你看一看，这个扇子形的文字与其他文字结合在一起时，都有哪些意思。

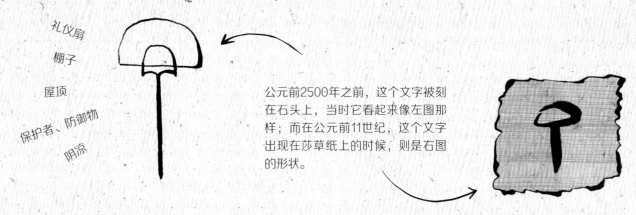

礼仪扇

棚子

屋顶

保护者、防御物

阴凉

　　公元前2500年之前，这个文字被刻在石头上，当时它看起来像左图那样；而在公元前11世纪，这个文字出现在莎草纸上的时候，则是右图的形状。

　　这段文字是在霍纳赫特大祭司的墓中找到的，他生活在公元前16世纪左右。

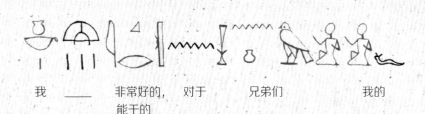

| 我 | —— | 非常好的，
能干的 | 对于 | 兄弟们 | | 我的 |

对于我的兄弟们来说，我是非常好的_____。

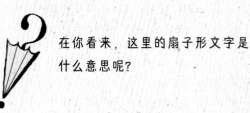

在你看来，这里的扇子形文字是什么意思呢？

　　队伍前的伞是方形的。把两根棍子交叉成十字，再在十字上方蒙一块布，古埃及的方伞就制作完成啦！有时候，这块布并不会完全固定在棍子上，而是会留一小块在空中随风飘荡。与礼仪扇一样，古埃及的伞不仅起着遮阳防晒的作用，还是地位的象征。在古埃及，就连下葬装有贵族遗体的石棺时，也要有人在一旁打伞。

伞状的植物

在伞成为人们的常用物品之后，人们环顾四周，渐渐发现，有些植物的花序看起来很像一把小伞！

茴香

蒔萝和胡萝卜这两种植物的花序很相似，都呈伞形。它们那一朵朵小花都是从同一根茎上长出来的，看起来就像一根根伞骨。对于长着这种花序的植物而言，它们的亲缘关系很近，都属于"伞形科"植物。

蒔萝

胡萝卜

孜然芹（也称孜然）

葛缕子

欧芹

想象一下，若是没有这些植物，生活会是怎样的？如今的我们恐怕很难回答这个问题吧，毕竟早在4000多年以前，人们就已经开始栽培这些植物了。也就是说，人们不仅会在野外采摘这些植物，还会专门培育它们。

看啊，为了烹饪出各式各样的美味佳肴，我们要用到多少伞形科的植物呀！

索斯诺夫斯基独活草

不过，伞形科的植物不都可食用，其中有一些是有害的。在20世纪中期，俄罗斯人开始种植索斯诺夫斯基独活草来饲养牲畜，但丝毫没有考虑过它的危险性。渐渐地，无论是荒野里，还是马路边，全都长满了巨大的索斯诺夫斯基独活草。如今俄罗斯人已经无法彻底摆脱这种植物了，再加上它的汁液接触到皮肤后会引起严重的灼伤，所以如果我们遇到这种植物，一定要记得绕道走。

茴芹

旱芹

芫荽

欧防风

中国人发明了什么

在中国，关于伞的发明流传着很多的传说。其中一种传说认为，伞是木匠的祖师爷鲁班的妻子云氏发明的。云氏之所以发明伞，是为了让她的丈夫无论在下雨天还是酷暑天都能外出。由于木、竹容易腐朽，直到现在，我们也不知道中国第一把伞的构造是什么样子的，但是在2000多年前中国就有了青铜伞。后来，中国人又发明了可收拢闭合的油纸伞。

数百年来，伞不仅可以遮阳挡雨，还可以彰显伞主人的社会地位。在中国古代，若看到仆人给自己的主人撑伞，那么只需要看看伞的颜色、材料，以及伞柄的形状、装饰用的褶边和伞盖的数量，就可以知道这位主人的身份地位如何了。若有人不守规矩，使用了与自己的地位不相符的伞，那么这个人可能会受到严厉的惩罚。

19世纪中国清朝的同治皇帝大婚时，人们使用了很多把华盖伞！

这把伞叫作"万民伞"。清朝时期，每当一位德高望重的官员卸任时，人们就会把万民伞当作礼物送给他。

这里写着送伞人的名字

纸张最早由中国人制造，大约在1世纪（甚至更早）中国就开始造纸了。油纸伞最早也是在中国出现的。虽然油纸伞不一定能显示出主人的崇高地位，政府也没有下令禁止平民使用油纸伞，但在中国古代并不是每个人都能买得起昂贵的油纸伞。比如，在1386年，用买一把油纸伞的钱，大约可以买到100个桃子或梨，或者10支用来写书法的毛笔！

由纸和丝绸做成的伞

油纸伞的伞柄是用整根竹子制成的，而伞骨则用削薄的竹片做成。其中价格较为便宜的油纸伞，使用的伞纸可能由旧棉布片做成，而要想让伞纸更结实一些，可以用以下这种做法：

油纸伞的伞骨数量从24根到42根不等。

1. 取细嫩的木芙蓉树皮，剥下它的韧皮部分；
2. 将木芙蓉树的韧皮放在水中浸泡12小时；
3. 往水中加入石灰熬煮3小时，去除油脂；
4. 用研杵捣碎熬过的韧皮，软化韧皮里的纤维；
5. 加入软化打碎的稻草和水，搅成纸浆；
6. 用带框的细网在纸浆里晃几下，然后快速端起（这一步称为抄纸）；
7. 将铺在细网上的纸揭下晾干。

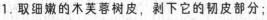

将做好的纸贴在一根根伞骨上，再让纸充分浸润桐油，这样做好的伞就不会透水。随后把伞晾干，再用油性颜料在伞面上绘制图案。整个制作过程需要花费两周左右。油纸伞可以收拢闭合。

这把伞是用丝绸制成的。丝绸最早也是在中国开始生产的，但是丝绸问世的时间要比纸早得多。考古学家发现的第一块丝织品距今已有5000多年的历史。在古代，只有非常富有的人才能穿得起丝绸衣裳，毕竟丝绸的生产是一个漫长而又复杂的过程。

制作一把这样的伞，需要用到大约3000颗蚕茧！

除了缫丝，我还会用桑葚熬果酱！

雌蚕蛾产下蚕卵（也称蚕种），蚕卵孵化变成蚕宝宝。在长大的过程中，蚕宝宝会吃很多桑叶，之后吐丝结茧。

每颗茧都是由一根丝结成的，有时一根丝的长度能达1500米！数十个蚕茧的丝才能纺成一根结实的线，然后再用线来织成丝绸。

蚕蛾

桑葚

蚕宝宝

蚕蛹

丝绸深受人们喜爱，逐渐远销至其他国家。早在公元前2世纪时就已经形成了贸易路线，人们习惯将这条路线称为"丝绸之路"。通过丝绸之路，人们将丝绸、瓷器、香料和很多其他商品从东方运往西方，又从西方运回金子、宝石、玻璃和马匹等。

中国

17

找到所有的伞

这张图中藏着25把伞，你能把它们全找出来吗？请注意，这其中还有一些特殊的伞，它们的功能可不是遮阳避雨哟！

古希腊和古罗马的伞

古希腊人习惯带伞外出，不过在很长一段时间里，只有女性才会使用伞。古希腊人认为，带伞的女士看起来特别有吸引力，但带伞的男士则正好相反，看起来非常不体面。在公元前5世纪的雅典，人们只能在剧院上演的喜剧中看到撑伞的男人。

在古雅典，一年有很多节日，其中好几个节日都要用到伞。比如，雅典城最重要的节日"泛雅典娜节"（公元前6世纪至前4世纪），是为了纪念女神雅典娜而设立的。在这个节日的庆典中，女性公民的仆人会给她们打伞。

古希腊时期的伞和现代的伞已经非常相似了，甚至可以闭合。在炎热的天气里，人们也会戴上宽檐草帽来避暑，这种帽子与伞不同——在古希腊，只有贵族妇女能用得起伞，但宽檐草帽却每个人都买得起。

你到底是什么人？！

我是伞足人！

希腊的夏天很热，所以古希腊人特别需要阴凉，走到哪儿都带着伞或戴着帽子。他们甚至相信，在很远的地方住着一群用一条腿蹦跳着走路的人，这些人如果累了，就会仰卧在地，用巨大的脚掌来遮阳！这种人被称作"伞足人"。

那位女士，您把大家的视线都挡住了！

别妨碍我看表演！

在古罗马，女士们会带着伞去看马戏表演，用伞来防晒挡雨。但这会让很多观众感到不开心，毕竟坐在后排上方的观众们什么都看不见呀！要知道，当时的表演主要就是赛马。但是在1世纪末，也就是罗马帝国图密善皇帝统治时期，人们在看台上搭起了棚子，这样一来就没有带伞的必要了。

亲自动手做一做

大约在20世纪中期，人们就用小纸伞装饰冷饮和甜点了。为什么要这么做呢？目前谁也不清楚！也许是因为小纸伞可以投下一片阴影，饮料不会热得太快；也有可能只是为了让饮料杯看起来更美观。

小纸伞的伞骨是用硬卡纸剪成的，贴在伞柄上。伞柄是用牙签做成的，伞柄的上面用薄薄的纸条缠了很多圈。要是把薄纸条展开，你会发现这很可能是用旧报纸裁成的。

让我们来动手做一把简易的小纸伞吧！（使用剪刀和牙签时请注意安全）
我们需要准备：

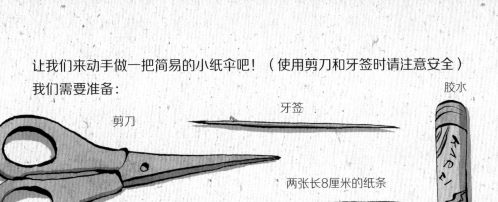

牙签

胶水

剪刀

两张长8厘米的纸条

一张直径为8厘米的圆纸片

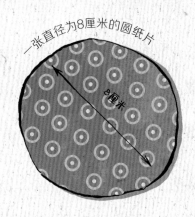

8厘米

3. 再次对折纸片，
让两条折线垂直；

1. 将圆纸片对折；

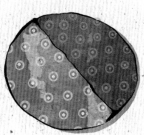

2. 展开圆纸片；

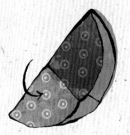

4. 再次展开圆纸片；

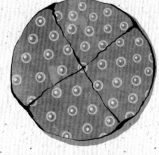

5. 再对折两次，让折线将圆纸片
分为八个大小相等的扇形纸片；

6. 剪下其中一个扇形纸片，并在
圆纸片的中央剪一个小洞；

7. 在缺口旁边的扇形区域
上面涂胶水；

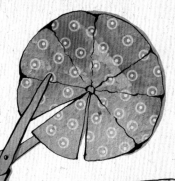

8. 粘合；

9. 将牙签插进圆纸片中央的洞中。
将两张纸条涂满胶水，让有胶水的
一面朝内，缠在牙签上。将其中一
张纸条缠在伞顶，另一张纸条缠在
伞面下方，以固定伞面。

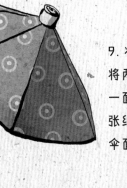

一把简易的小纸伞完成了！

印度及其邻国的伞

现如今，雨伞和遮阳伞在印度随处可见。不过，如果我们走遍印度及其邻国的各个角落，仔细研究当地的制伞历史，就会发现他们独有的特色！

葛印卡内观大佛塔

伞是印度教和佛教的古老象征之一，代表着荣誉和权力，因此人们在塑造神佛像时，常常让这些神佛像坐在伞下。除此之外，有些佛塔的顶端也是一种伞形结构，称作"莲花伞"，象征着佛祖的权力和庇护。

泰国的王座旁边总会有这种多层的伞。在一年一度的加冕纪念日上，人们会将礼物送到伞边。但是普通人不能打着这样的伞走在路上哟！

来自缅甸的问候

古代缅甸的所有白伞都属于国王和神圣的白象，其他人不能站在白伞下面。

曼谷，大皇宫

在出席重要活动的时候，古代印度的王公们会使用右图这种式样的伞。它的边缘上缀着32条珍珠串，每条珍珠串上都有32颗珍珠。伞上还装饰着孔雀羽、鹭羽、鹦鹉毛和鹅毛。

这把伞上一共装饰着多少颗珍珠？

在印度喀拉拉邦的特里苏尔，人们每年都会隆重庆祝普拉姆节（又名大象节）。庆典中心位置的景象，看起来就像下图中那样。据说在这个节日里，神祇都会在同一座寺庙里相聚。

在庆典中，大象骑手们将手中的伞举起又放下，重复三次，然后再拿出另一种伞进行展示，而且每次拿出来的伞都比上一次的漂亮。周围的人群为此欢呼雀跃，别提有多开心了！他们装饰伞的方式，与西方人装饰圣诞树的方式差不多。

在印度的瓦拉纳西城，我们可以在通往恒河的台阶上见到一种用竹子做的伞。印度人认为恒河是一条"圣河"，有很多人为了在恒河中沐浴、朝圣，专门来到瓦拉纳西城。在这些大而古老的竹伞下面，坐着祭司和给圣书做注解的人。他们会在伞下完成一些仪式，并诵读古老的经文。竹伞可以使他们免受日晒和雨淋。

可以举伞飞行吗?
不可以

　　的确，一些勇敢的人曾经试图举着巨大的伞从高处跳下来，但大部分人的结局都很惨。这并不奇怪，虽然这种"飞行伞"的构造与伞相似，但是它的尺寸必须要经过精确严密的计算。

　　相传意大利的列奥纳多·达·芬奇是第一个成功设计出"飞行伞"的人。在15世纪，他用亚麻布制作了一个很像金字塔的巨大器具，但从来没有拿它做过飞行试验。大约300年后，另一位发明家法国的路易·塞巴斯蒂安·勒诺尔芒制作了一种非常像伞的器具，成为第一个使用该器具跳下高塔的人。他还为这个"飞行伞"想出了名字，将拉丁语的"para"和法语的"chute"结合起来，组成"parachute"（降落伞）一词。这两个单词合在一起的意思是"防止坠落"。

　　降落伞的历史从此开启了!

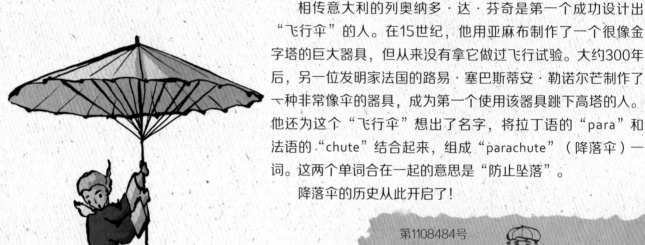

万一发生火灾了呢!

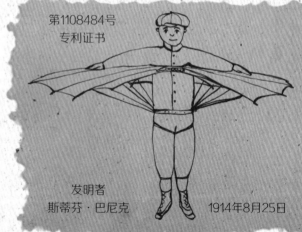

第1108484号
专利证书

发明者
斯蒂芬·巴尼克　　　　1914年8月25日

　　从那儿以后，不少人发明各式各样的降落伞。在1912年，俄罗斯的科捷尔尼科夫在法国为自己的背包式降落伞申请了专利。然后在1914年，斯洛伐克的斯蒂芬·巴尼克也获得了降落伞的发明专利，他的降落伞看起来像一把大伞。

先生，飞机还没发明出来，您要降落伞做什么?

就像人们无法用普通的伞来飞行一样，一把小伞也无法让一个小玩具从桌子或柜子上安全地落到地上。来给乐高小人儿做一顶真正的降落伞吧！你需要一个玻璃纸袋、一卷绳子和一把剪刀（使用剪刀时请注意安全）。

1. 从玻璃纸袋上剪下一个边长为20厘米的方形纸片，并在纸片的四个角上钻洞。

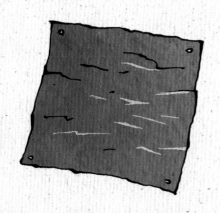

2. 剪下两条绳子，每条绳子的长度都是纸片边长的两倍。让其中一条绳子穿过相邻两个角上的洞；另一条绳子则穿过另外两个角上的洞，如下图所示打好结：

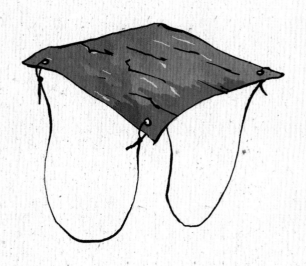

3. 像背上背包一样，给小人儿背好降落伞，然后让它从高处飞下来。小人儿起飞的位置越高，飞得越远哟！

童话故事中的伞

日常生活中的伞可以帮助我们应对变幻莫测的大自然。那么，童话故事里的伞又是用来做什么的呢？对了，并不是所有的故事中的人物都懂得如何正确用伞哟！

你可以在这张图中找出多少个童话中的人物形象？

日本：各种生活场景中的伞

很久以前，日本的伞多半是从中国运过去的。一开始，只有天皇和皇室成员才能用得起这样的奢侈品。在很长一段时间内，人们甚至把伞当作遗产传给自己的后代，可见伞曾经是多么珍贵的物品。人们还会将陶制的模型伞放进坟墓中当随葬品。

后来，伞渐渐走进普通百姓家。人们用伞避雨，用伞挡雪，当然也用伞遮阳。市面上出现了大小不一、颜色各异的油纸伞和丝绸伞，有比较便宜的，也有贵一些的；有平民用的伞，也有贵族用的伞；有用来遮阳挡雨的伞，也有用来进行舞蹈和戏剧表演的伞。

在日本，伞还可以帮助人们消除一些困扰。比如说，有人认为红色的伞就像所有红色的物品一样，可以祛除邪祟，消灾避祸。在日本文化中，蛇被视为神的使者，而一把装饰着圆环图案的伞，看起来很像蛇的眼睛，所以这把伞能保护它的主人免受伤害。

红伞能够保护新郎和新娘，使他们免遭不测。

现如今，透明雨伞在日本极为流行，这种伞美观、轻盈且价格便宜。当然了，透明雨伞坏得快，没过多久就会被扔进垃圾场，容易危害环境。为了减少"伞类垃圾"，东京的地铁站里设立了租赁雨伞的机器，用于出租的雨伞更加结实，使用寿命也更长。

废弃的伞怎么办？在日本传说中，最破最烂的伞会变成伞妖，它们有很多方式来捣蛋：舔舐过路的行人；强迫行人被淋成落汤鸡；在刮风的天气里把人抛向高空，让人再也无法回到原地……就这样，随着年龄的增长，伞的性格变得越来越坏了！

折叠伞是怎么来的

早在2000多年前，中国皇帝就坐在带有青铜伞盖的马车里出行了。这把青铜伞可以根据阳光调整倾斜的角度，还可以拆卸下来。这在当时是一门非常厉害的技术。

从那时起，人们发明了各种各样的伞。在伞的发展史上，最重要的问题莫过于"朝哪些方向去改进伞"。伞架要尽可能地轻，尽可能地结实，与此同时，不使用时让伞占据的空间尽可能地小。

到了20世纪初，所有雨伞都已经可以闭合成一根棍子。不过要想把这样的伞塞进女式手提包或者背包里，肯定是装不下的。这种像手杖一样的伞只能被塞进大行李箱里。

在不同的国家（例如匈牙利、德国和奥地利），折叠伞几乎是同时出现的。让我们一起来看看，发明家是如何将又长又笨重的伞缩短的呢？

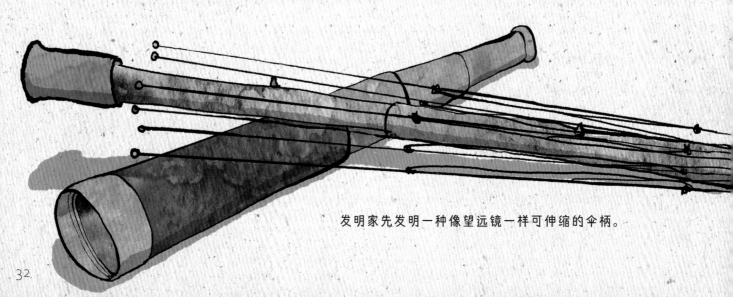

发明家先发明一种像望远镜一样可伸缩的伞柄。

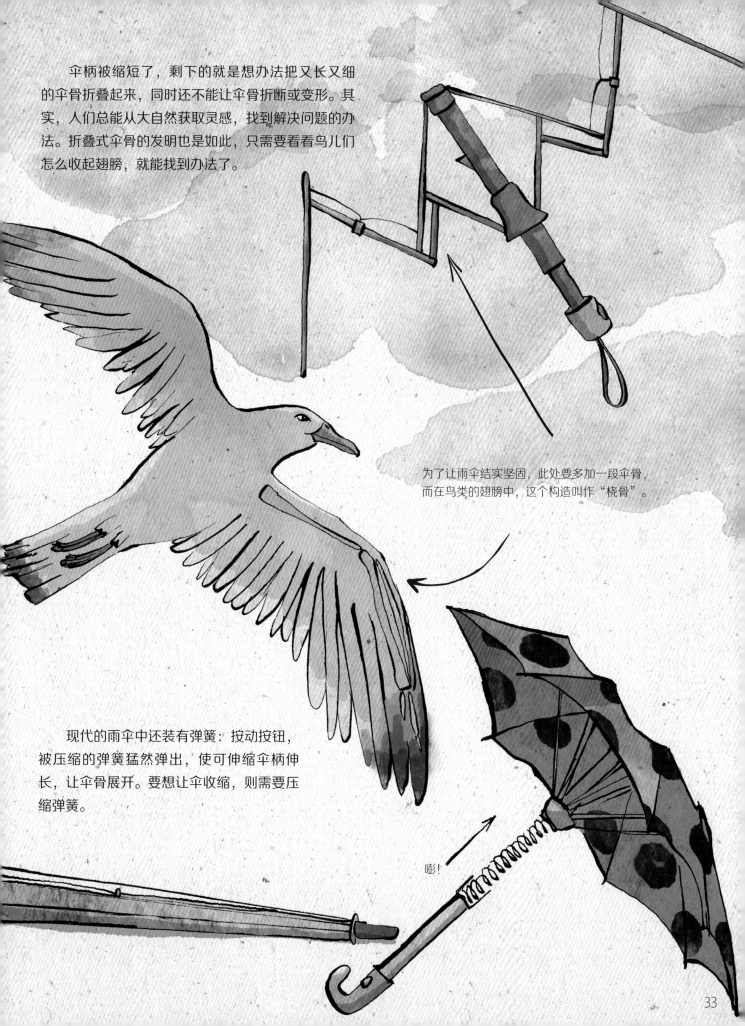

伞柄被缩短了，剩下的就是想办法把又长又细的伞骨折叠起来，同时还不能让伞骨折断或变形。其实，人们总能从大自然获取灵感，找到解决问题的办法。折叠式伞骨的发明也是如此，只需要看看鸟儿们怎么收起翅膀，就能找到办法了。

为了让雨伞结实坚固，此处要多加一段伞骨，而在鸟类的翅膀中，这个构造叫作"桡骨"。

现代的雨伞中还装有弹簧：按动按钮，被压缩的弹簧猛然弹出，使可伸缩伞柄伸长，让伞骨展开。要想让伞收缩，则需要压缩弹簧。

嘭！

非洲的伞

加纳气候炎热，是地球上最热的国家之一。我们可以在这里见到世界上又大又漂亮的伞。让我们出发去加纳寻找阿散蒂人吧。

与其他国家或地区一样，加纳的伞不仅能提供珍贵的阴凉，还能代表伞主人的身份。对于阿散蒂的部落酋长来说，伞和他们的衣服、权杖一样，是地位的象征，而对于阿散蒂的最高统治者来说，伞和金凳子是他们身份的象征。

对于阿散蒂人来说，所有的节日都必须使用伞。
酋长们坐在伞下接见来宾、举办招待会，哪怕在夜晚
接待客人根本不需要伞，伞也是必不可少的。

阿散蒂人非常喜欢谚语，他们无论男女老少，都知道很多谚语，还经常把谚语挂在嘴边，而且他们还会跟随着谚语的节奏敲鼓，或者用木头雕出反映谚语情节的塑像。看，放在伞顶的雕塑装饰可以告诉我们什么哲理呢？

眼镜蛇静静地蛰伏良久，让一只犀鸟做了自己的午餐。

在城市的这头切开水果，即便是在城市的那头也可以闻到它的香气。

鸟儿常常回头看。

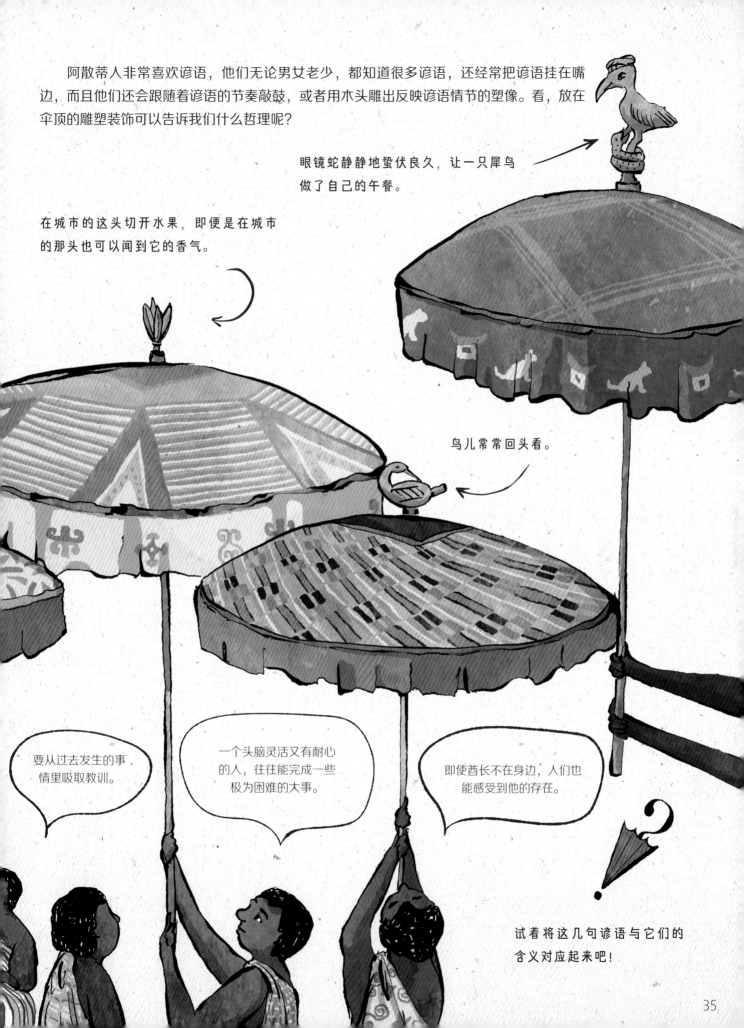

要从过去发生的事情里吸取教训。

一个头脑灵活又有耐心的人，往往能完成一些极为困难的大事。

即使酋长不在身边，人们也能感受到他的存在。

试着将这几句谚语与它们的含义对应起来吧！

雨，雨，雨

在有些地方，人们更需要避雨而不是遮阳。英国以多雨的天气闻名，因此，英国成为"现代雨伞的发源地"是有原因的！

你心目中的伦敦是什么样子的？红色的双层公共汽车、大本钟、行人撑伞躲雨……

要是让时间再稍微倒流一些呢？几百年前并没有公共汽车，也还没有大本钟，伦敦人更想不到这世上还有雨伞的存在，但雨却一直下个不停。到了18世纪中叶，遇上阴雨天气，人们可以躲在带有棚顶的路边走廊下面，或是跑进小店里去避雨。店主们不太喜欢他们，因为他们通常什么东西都不买。又或者人们招手拦一辆马车，踩着地上的水坑跑进车里避雨。

乔纳斯·汉威的伞

缎子

假缎子（缎纹布）

带水果形状装饰的黑木手柄

通常，只有女士们会在天气炎热时打伞出行。据说第一个勇敢地在雨天撑伞出门的男人，是乔纳斯·汉威。他是一个怪人，为了不弄湿自己的假发，他愿意打破所有的规矩。起初周围的人对他百般嘲笑，但没过多久，人们就开始效仿他打起了伞。后来，男性撑伞的时尚流传到了法国。

起初，伞的价格十分昂贵，因此贫穷的市民只能用"短途冲刺"的方法避雨，也就是从一个避雨处迅速冲到下一个邻近的避雨处。可是，如果需要穿过桥到达河对面的话，该怎么办才好呢？桥那么长，跑过去肯定会淋得浑身湿透。于是，在巴黎出现了租赁雨伞的生意，过桥的人先在桥这边花一点儿钱租一把伞，到了桥那边，再把伞交给另一个人，这把伞就会回到主人手中了。

喂，把伞还给我！

在制伞工坊里

在18世纪中期，雨伞开始在欧洲流行。遮阳伞又小又不坚固，根本没法拿来挡雨。实用的雨伞必须能防水、能抵御强风，所以第一批雨伞又大又重。这批雨伞的伞面是用薄兽皮做成的，而伞骨是用鲸须做成的。

鲸须指的是须鲸（鲸的一类）口部的一种又薄又结实的角质片。人们用鲸须制作了很多东西，例如窗户格栅和女人长裙的束腰。到了19世纪末，人们杀死了太多鲸鱼，导致多个鲸鱼物种走向灭绝的边缘。现如今，商业化的捕鲸活动几乎在世界各地都是违法的。

起初，制作伞的工作由制鞋匠承担。当时，除了鞋子和伞以外，制鞋匠还会缝制皮包、手套和紧身胸衣。他们先把伞的框架制作出来，再将框架交给制帽匠，接下来，制帽匠会根据每个人不同的喜好，将各种各样的伞布固定在框架上。

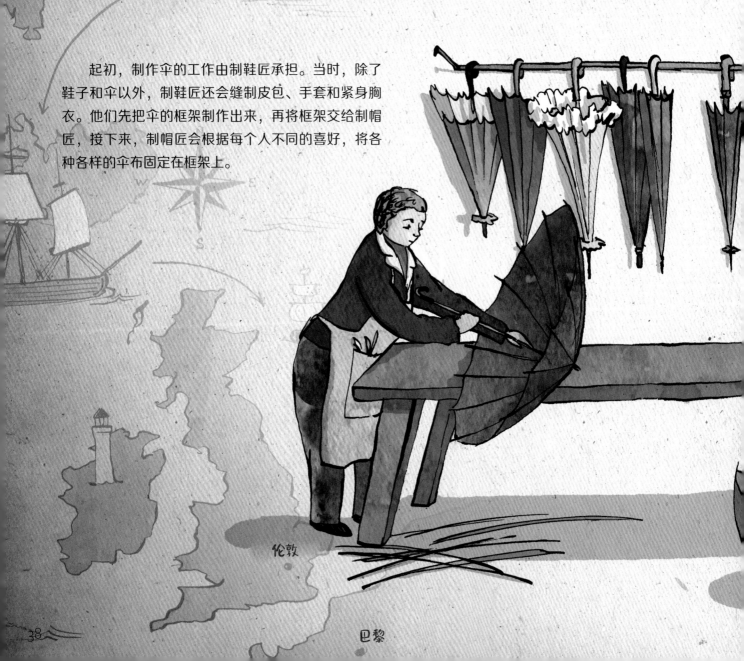

伦敦

巴黎

大约从18世纪起，在伦敦和巴黎，伞非常流行，在那里出现了第一批制伞工坊。一个工坊里通常会有一个工匠和三四个帮工，这些人负责制作伞的框架。框架制好之后就把伞布固定在伞架上。固定伞布的工作是由女性完成的，她们通常在自己的家中工作。

制伞工坊一般位于城中一些比较贫穷的区域，工资很低。到了冬天，伞几乎卖不动，工人们就一分钱都赚不到。怪不得有人说，在制伞工坊里工作，意味着半年做奴隶，半年饿肚子。工匠赚的大部分钱都用来交工坊的租金。年龄大一些的孩子可以做学徒，赚来的钱刚好够给全家人买食物。

1先令 = 12便士

修理伞骨　6便士
更换手柄　1先令
上弹簧　6便士
加固伞的框架　1先令
更换新伞布　1先令3便士

租赁伞
节俭人士的选择！
租3小时　4便士
租一昼夜　9便士
夜间优惠价！
从晚九点到第二天早九点，
租赁价格更便宜！

招学徒工
一周4先令

雨伞的流行使鲸须变得越来越昂贵，因此制伞工匠要找到一些能够代替鲸须的材料。

后来，人们发明了新结构的伞（对于鲸鱼来说可是大喜事），这种结构看起来和现代伞的结构非常相似：铜制的伞骨、铁制的线，还有可伸缩的伞柄。19世纪末，蒸汽机被用于生产，机器可以分担一部分工人的工作，比如制作框架中的金属零件。随后这些零件被送往制伞工坊，再由工匠们将它们组装起来。

关于伞的说法

　　雨伞流行起来之后，围绕着雨伞出现了很多礼仪和迷信的说法。令人惊讶的一种说法是，女性撑伞会变得更有女人味，男性撑伞会变得更有男人味！

　　所有人都小心地遵守一些规则，比如在哪里可以撑伞，怎样把伞打开，怎样晾干伞才不会招致灾祸……"要随身携带雨伞，这样就不会下雨"，这恐怕是唯一一个留存至今的有关雨伞的迷信说法了吧。

看来您根本不读报纸啊！现在报纸上会预报明天是否有雨。

我让工匠在我的伞柄上安了一颗橡树果实，它会保护我不被雷劈到。

我们结婚了，现在两个人同撑一把伞散步，这样就能幸福长久地生活在一起。

伦敦 1861年

画中伞

到了19世纪末，伞已经成为欧洲人生活中非常重要的一部分，很多印象派画家的作品中都有伞的身影。

文森特·凡·高
《阿尔勒城的朗格卢瓦桥》

克劳德·莫奈
《打阳伞的女人》

爱德华·马奈
《春天》

弗雷德里克·卡尔·弗里塞克
《花园太阳伞》

古斯塔夫·卡耶博特
《雨天的巴黎》

皮埃尔·奥古斯特·雷诺阿
《伞》

伞下的狂欢

出太阳的时候下的雨被称作什么?

专利号1940，1854年

发明了好多种伞呀

塞缪尔·斯托克
带帘子的伞。

专利号2880，1865年
约翰·亨利·约翰逊
伞骨间留有"小窗口"的伞。

专利号2795，1862年
弗洛连京·德尔玛
伞的边缘安装了可以吸水的海绵。

人们发明的伞有上百种，但成功留存下来（哪怕只留存了几年时间）的并不多。19世纪中期，在英国一年能注册几十种伞的专利。发明家们孜孜不倦地工作，创造出那些在他们看来非常方便实用的物品，想让世人为之震惊。直到今天，有一些伞仍然超乎人们想象。

手柄上带匕首的伞，
"詹姆斯·史密斯父子"商店售卖。

专利号1452，1863年
约翰·弗朗西斯·凯恩

撑开时能够发出口哨
声的伞。

专利号3171，1808年10月8日
爱德华·托马森新品！
"拉布多斯基多佛罗斯"伞！
伞骨和伞面可折叠，
内有精美伞柄！

带有空心手柄的伞，
手柄里可以存储香水。

专利号2036，1859年
套子伞·布莱卡

专利号102006009262A1
充气式伞
按下该雨伞的一个机关就会启动化学反应，使柔软的伞衣内充满气体，伞由此打开。

套在大腿上的伞
专利号202017004804U1

专利号5.505.221，1996年
不对称的伞，抗风能力更强。

带拴狗绳的伞

带座椅的伞。

现代发明的一些伞也非常新颖独特。
让我们看看，有哪些伞一直沿用到现在！

可以将湿了的一面向内收拢的伞。

无伞柄、固定在背上的伞。

日本的发明，
无伞柄的飞行伞，安装在无人机上，
专为打高尔夫的人设计，禁止在城内使用。

伞都去哪儿了

遗憾的是，伞用不了多久就会损坏，然后变成垃圾。这不仅令人难过，还很不利于保护环境。该怎么解决这个问题呢？

46

可以去失物招领处寻找遗忘在交通工具上的伞。人们不小心弄丢的东西可太多啦，就拿忘在公交车里的东西来说吧：伞、钥匙、滑板、自行车，甚至还有手风琴！在莫斯科的地铁站里，每个月都会发现约700件失物，这些失物的保存期限是半年。

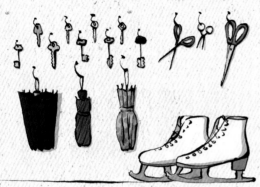

伞坏了可以维修，经营这项业务的是五金修理店。除了修伞，那里也能安装拉链、给衣服钉扣子，还能磨剪子呢。

有时候，我们自己在家里也可以修伞。比如，伞布的边缘从伞骨上脱落下来，我们可以把它再缝回去。

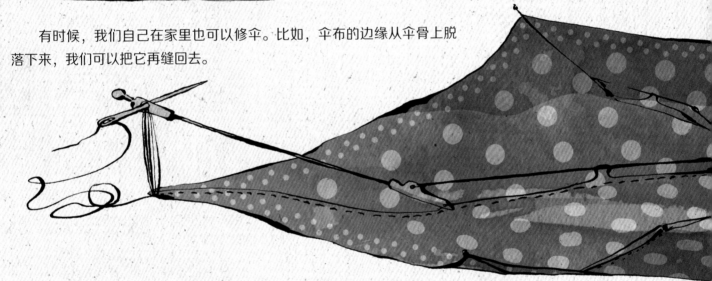

伞的结构越简单，就越不容易坏，比如长柄伞的寿命就比能够多次折叠的自动伞长得多。不过，折叠伞是可以修的，这样它们的使用寿命会更长。

目录

序言	2
"雨伞"怎么说	4
不淋雨，也不挨晒	6
世界各地的伞	8
古埃及的礼仪扇与伞	10
伞状的植物	12
中国人发明了什么	14
由纸和丝绸做成的伞	16
找到所有的伞	18
古希腊和古罗马的伞	20
亲自动手做一做	22
印度及其邻国的伞	24
可以举伞飞行吗？不可以	26
童话故事中的伞	28
日本：各种生活场景中的伞	30
折叠伞是怎么来的	32
非洲的伞	34
雨，雨，雨	36
在制伞工坊里	38
关于伞的说法	40
画中伞	42
发明了好多种伞呀	44
伞都去哪儿了	46

词汇表：

第11页：对于我的兄弟们来说，是驱走非洲炎热的保护伞。

第24页：1024端指的是

第28页：梅洛娜·克鲁索
玛丽·波平斯
那蓝色的魔力女巫（《绿野仙踪》中的人物）
小矮绳包
绿神（《吉娃娃鬼魂说》中的人物）

第35页：
喻指：那些曾经帮助过别人，却从一只鸡身夺取了自己身的鸡。另义：一天搞定别人有烦心的人，我想那样便
另指：一种修为纠缠的人事。
喻指：在城市的阳光天气里开开水伞，即使看着在地面上的阳光人群可以阻挡它地的热气。另义：却痛苦很长不长有为为，人们也能感受到他们的存在。
喻指：当儿乐颠回头气看卷。另义：替我们过名灰尘的重情锺爱做散勒训。

第43页：晴天无雨，或天阳晴。

图书在版编目（CIP）数据

伞的百科全书 /（俄罗斯）塔季扬娜·帕诺娃著；
崔舒琪译 . -- 北京 : 科学普及出版社 , 2025.1
ISBN 978-7-110-10723-2

Ⅰ . ①伞… Ⅱ . ①塔… ②崔… Ⅲ . ①伞—基本知识
Ⅳ . ① TS959.5

中国国家版本馆 CIP 数据核字 (2024) 第 069138 号

北京市版权局著作权合同登记　图字 : 01-2023-4386

伞的百科全书

策划编辑	李世梅		版式设计	蚂蚁文化
责任编辑	阎晓慧		责任校对	吕传新
助理编辑	王丝桐		责任印制	李晓霖
封面设计	怪奇动力			

出　　版	科学普及出版社		邮　　编	100081
发　　行	中国科学技术出版社有限公司		发行电话	010-62173865
地　　址	北京市海淀区中关村南大街 16 号		传　　真	010-62173081
网　　址	http://www.cspbooks.com.cn			

开　　本	889 mm × 1194 mm　1/16			
印　　张	3.5		字　　数	80 千字
版　　次	2025 年 1 月第 1 版		印　　次	2025 年 1 月第 1 次印刷
印　　刷	北京瑞禾彩色印刷有限公司			

书　　号	ISBN 978-7-110-10723-2 / TS · 158		定　　价	54.00元